了不起的小发明

薯条

〔法〕拉斐尔·费伊特　著/绘

董翀翎　译

中国科学技术大学出版社

据说，1828年，一位出身街头音乐人家庭的年轻德国人让·弗雷德里克·克里格，来到巴黎学习厨

艺，并被蒙马特的一间饭馆录用。在那里，他见识
了大厨新创的一道菜。

把土豆切成片，丢进油锅里炸至金黄酥脆。

克里格觉得这玩意儿简直太好吃了，于是他决定去街头叫卖，结果赚得盆满钵满。

不久之后，他决定带着赚来的钱回到自己的祖国去卖炸土豆。

克里格买了一驾马车，带着自己的厨具，出发了。在路上，他第一站来到了比利时。

在途经列日省的时候，他在嘉年华上遇到了自己正在表演节目的父母。

于是，克里格在父母身旁安顿了下来，并开始向来嘉年华游玩的人们售卖炸土豆。大家品尝了这种新奇的美食后非常开心。

　　他的弟弟也在这里，克里格成功地说服了弟弟同他一起去另一个嘉年华卖炸土豆。不过，这是一份辛苦的工作：他俩需要一大早起床给上百个土豆削皮……

……然后把土豆切成薄片，再下锅炸，最要紧的是要在天黑收摊儿前尽量多卖些。

一天，克里格决定给自己的炸土豆起个名字——"弗瑞兹"。这是他德语名字的昵称，而且很妙的是"弗瑞兹"正好和德语中炸土豆的"炸"同音！

　　"弗瑞兹"比"炸土豆"或是"油炸土豆"念起来更省时、更有趣，因此人们更爱去"弗瑞兹"的小摊儿上吃炸土豆了！

　　那个时候，由于食用油非常昂贵，因此很少有人会用食用油来炸食物。当"弗瑞兹"的小摊儿来到各个村子时，人们都高兴极了，因为他们根本没有其他机会可以吃到炸土豆这种好吃到爆的美味。

　　兄弟俩非常开心，他们走遍了比利时的东西南北来卖炸土豆。

为了做得更快、更多，聪明的克里格想出了一个好主意：他在桌上挖了一个洞，并在洞的上方装了一块金属栅板。

　　他把土豆放在栅板上，然后在土豆上再盖一块板，并用木槌敲打这块板，这样圆滚滚的土豆就变成了方形的长条掉落到桌子底下的桶里。

接着他把这些土豆条放进热油锅里……

当当当当……你最爱的薯条就这么诞生啦!

大家都很喜欢新出炉的条状炸土豆，因为它非常容易用两根手指拿起来，而且小小的一盒可以装下很多根。

　　慢慢地，克里格改进了他的发明，并且制作
了更加厉害的"切薯条机"，这样就不再需要用木
槌"咚咚咚"地敲打了，这对邻居也更友好了。

克里格的太太既聪明又美丽，她告诉克里格，在漂亮的店铺里卖薯条会比在布棚或小摊里卖更赚钱。

就这样，越来越多的有钱人也爱上了薯条。

　　在比利时，"弗瑞兹"的薯条变得非常出名，人们甚至从法国赶来品尝。大作家维克多·雨果也非常喜欢在"弗瑞兹"吃薯条。

　　薯条获得了巨大的成功，甚至连美国人也非常
爱吃薯条。

渐渐地，越来越多的餐厅开始售卖薯条。不过，与比利时只是单吃薯条而且是用手拿着吃有所不同的是……

……在法国，人们把薯条当作肉排的配菜，而且必须用叉子吃。

今天，人们喜欢在西餐厅或快餐店用薯条蘸番茄酱或蛋黄酱吃。

你甚至可以在家里让爸爸妈妈用炸锅自制薯条！

那么你呢？你最喜欢的
薯条
是什么口味的呢？

现在你已经了解有关薯条这项发明的
全部知识了!

不过你还记得我们讲过哪些内容吗?

让我们通过"记忆游戏"来检查自己
记住了多少吧!

记忆游戏

1 克里格在哪个城市发现了炸土豆这种美食？

巴黎

2 克里格在哪个国家的嘉年华卖他的炸土豆？

比利时

3 克里格同谁一起在嘉年华卖他的炸土豆？

他的妻子

4 克里格给他的炸土豆取名叫什么？

弗里茨

5 哪个著名作家去克里格的店铺吃过薯条？

托马斯·曼恩

安徽省版权局著作权合同登记号：第12201950号

© Les Frites, EDITIONS PLAY BAC, Paris, France, 2015
© University of Science and Technology of China Press, China, 2020
Simplified Chinese rights are arranged by Ye ZHANG Agency (www.ye-zhang.com).
本翻译版获得PLAY BAC出版社授权，仅限在中华人民共和国境内（香港、澳门及台湾地区除外）销售，版权所有，翻印必究。

图书在版编目（CIP）数据

了不起的小发明.薯条/（法）拉斐尔·费伊特著绘；董翀翎译. —合肥：中国科学技术大学出版社，2020.8
ISBN 978-7-312-04936-1

Ⅰ.了… Ⅱ.①拉… ②董… Ⅲ.创造发明—世界—儿童读物 Ⅳ.N19-49

中国版本图书馆CIP数据核字（2020）第068261号

出版	中国科学技术大学出版社
	安徽省合肥市金寨路96号，230026
	http://press.ustc.edu.cn
	https://zgkxjsdxcbs.tmall.com
印刷	鹤山雅图仕印刷有限公司
发行	中国科学技术大学出版社
经销	全国新华书店
开本	710 mm × 1000 mm　1/16
印张	2
字数	25千
版次	2020年8月第1版
印次	2020年8月第1次印刷
定价	28.00元